BEI GRIN MACHT SICH IHR WISSEN BEZAHLT

- Wir veröffentlichen Ihre Hausarbeit, Bachelor- und Masterarbeit

- Ihr eigenes eBook und Buch - weltweit in allen wichtigen Shops

- Verdienen Sie an jedem Verkauf

Jetzt bei www.GRIN.com hochladen und kostenlos publizieren

Martin Gschwandtner

100 Jahre Kaplanturbine

Vor 100 Jahren meldete der große Erfinder das erste Patent auf eine Turbine mit drehbaren Laufschaufeln an

Bibliografische Information der Deutschen Nationalbibliothek:

Die Deutsche Bibliothek verzeichnet diese Publikation in der Deutschen National-
bibliografie; detaillierte bibliografische Daten sind im Internet über http://dnb.d-
nb.de/ abrufbar.

Impressum:

Copyright © 2013 GRIN Verlag GmbH
Druck und Bindung: Books on Demand GmbH, Norderstedt Germany
ISBN: 978-3-656-36129-9

Dieses Buch bei GRIN:

http://www.grin.com/de/e-book/207020/100-jahre-kaplanturbine

100 Jahre Kaplanturbine

Vor 100 Jahren meldete der große Erfinder das erste
Patent auf eine Turbine mit drehbaren Laufschaufeln an.

Ing. Dr. techn. Viktor Kaplan
* 27. November 1876 Mürzzuschlag
† 23. August 1934 Unterach am Attersee.

Martin Gschwandtner
Hof bei Salzburg 2013

Vom Wasserrad zu den ersten Turbinen

Von der Antike über das Mittelalter bis in die frühe Neuzeit waren die Wasserräder der Hauptlieferant mechanischer Energie zum Antrieb von Mühlen, Förderanlagen, Hämmern und vielen anderen Einrichtungen. Im 18. Jahrhundert befassten sich noch viele Techniker mit der Verbesserung von Wasserrädern. Diese konnten jedoch den steigenden Anforderungen nicht mehr genügen: Ihre Leistungen und Drehzahlen waren zu gering. Daher stieg der Druck auf die Techniker, leistungsstärkere Maschinen zur Ausnutzung von Wasserkräften zu entwickeln.

Der Begriff Turbine (vom lat. Wort „turbo" für „Kreisel" abgeleitet) geht auf den Franzosen Claude Burdin zurück, der ihn 1822 erstmals verwendete. In Frankreich wurde damals ein Preis für die Entwicklung leistungsfähiger „Turbinen" ausgesetzt. Ein Schüler von Burdin, Benolt Fourneyron (1802-1867) holte sich diesen Preis. Er baute um das Jahr 1835 in St. Blasien im Schwarzwald eine Turbine von 30 KW Leistung bei einer Höhendifferenz von 108 Metern ein. St. Blasien wurde ein „Wallfahrtsort" für Techniker und Fourneyron ein berühmter Mann. Unter den Dutzenden von Forschern, die weiter an der Turbinenentwicklung arbeiteten, seien stellvertretend folgende Persönlichkeiten herausgegriffen: Der deutsche Lokomotivbauer Carl Anton Henschel (1780 -1861) aus Kassel; der Professor für Maschinenbau am Polytechnikum in Karlsruhe, Jacob Ferdinand Redtenbacher aus Steyr in Oberösterreich (1809 -1863), sowie der Hydrauliker Julius Ludwig Weißbach (1806 -1871), aus Annaberg im Erzgebirge. In Deutschland wurden trotz aller Erfindungsleistungen die Wasserturbinen zunächst äußerst misstrauisch betrachtet. Beispielsweise hielt auch die Regierung des Herzogtums Braunschweig einen Patentschutz nicht für notwendig, weil sie für Wasserturbinen ohnehin keine Zukunftschancen sah.[1] Anschließend führte die Entwicklung zu jenen drei Haupttypen von Turbinen, die bis zum heutigen Tage den großen Bereich der Wasserkraftnutzung in wirtschaftlicher Weise ermöglichen. Zuerst zur Francisturbine des geb. Engländers James Francis (1815-1892) und dann zur Pelton-Turbine des US-Amerikaners Leston Pelton (1829-1908) und schließlich zur Kaplanturbine des Österreichers

---

[1] Gööck, Roland: Erfindungen der Menschheit. Wind, Wasser, Sonne, Kohle, Öl. Blaufelden 2000, S. 102-135. Vergl.: Reichel, Ernst: Aus der Geschichte der Wasserkraftmaschinen. In: Beiträge zur Geschichte der Technik und Industrie. Jahrbuch des Vereins Deutscher Ingenieure, Vol.18 (1928), S. 57- 68.

Viktor Kaplan (1876-1934). Die Francisturbine, geeignet für mittlere bis große Wassermengen und mittlere Gefälle, wurde vor allem in Deutschland durch die Firma Voith in Heidenheim weiterentwickelt. Peltons Erfindung der Freistrahlturbine wurde 1880 patentiert. Seine Turbine, die für kleine bis größere Wassermengen und bis zu sehr großen Fallhöhen geeignet ist, wurde ebenfalls ein großer Erfolg.[2] Die Kaplanturbine ermöglicht vor allem die wirtschaftliche Wasserkraftnutzung der Flüsse. Sie wurde erstmals 1913 patentiert.

Stand der Wasserkraft-Technik zu Beginn des 20. Jahrhunderts

An der Wende vom 19. zum 20. Jahrhundert waren die Pelton- und die Francisturbine schon sehr ausgereift und weit verbreitet. Es fehlte nur noch eine Turbine, welche die wirtschaftliche Nutzung der Wasserkräfte der Flüsse ermöglichte. Francisturbinen waren dazu nur unzulänglich in der Lage, denn sie hatten zu geringe Drehzahlen, man musste daher zwischen Turbine und Generator teure Getriebe anordnen, deren Reibungsverluste den Wirkungsgrad der Gesamtanlage verschlechterten. Sie hatten aber auch einen mit sinkender Beaufschlagung stark abfallenden Wirkungsgradverlauf. Viktor Kaplan setzte sich die Lösung dieser Aufgabe zum Ziel.

Viktor Kaplans Lebenslauf

Kaplans Leben währte nur 58 Jahre, von 1876 bis 1934. Die Hälfte davon verbrachte er in der mährischen Hauptstadt Brünn. Viktor Kaplan kam am 27. November 1876 im Bahnhofsgebäude von Mürzzuschlag in der Steiermark – heute eine Bezirkshauptstadt mit rund 9.200 Einwohnern – als Sohn des Bahnbeamten Karl Viktor Kaplan und dessen Frau Johanna, geb. Wust zur Welt. Der Vater war vorher schon an sieben anderen Stationierungsorten der k.k. Südbahn im Einsatz, darunter auch Agram (heute Zagreb), wo Viktor Kaplans Bruder Karl 1871 geboren wurde, und Lekenik in Kroatien, im Gebiet der ehemaligen k.k. Militärgrenze[3], wo seine Schwester Anna Luise 1873 das Licht der

---

[2] Gööck, Roland: Erfindungen der Menschheit.(wie Anm.1), S. 125-135.
[3] Militärgrenze (oder„Konfin"- aus lat. „confinium militare", etwas lyrisch auch „Des Reiches Hofzaun"); habsburgische Grenzschutzzone gegenüber dem osmanischen Machtbereich. Ab dem 16. Jahrhundert errichteter breiter Verteidigungsgürtel von der Adriatischen Küste bis in den Norden Siebenbürgens mit einem System von Wachtürmen, Wehrdörfern und Festungen. Die Bevölkerung (Bauernsoldaten aus Kroaten, Serben, Ungarn, Walachen sowie Uskoken, (Flüchtlinge aus osmanischem Gebiet), war lebenslänglich zum Wehrdienst verpflichtet, erhielt dafür jedoch viele Privilegien.

Welt erblickte, aber schon 4 Wochen nach der Geburt verstarb. Im Gegensatz zum Militär, wo man Kinder, die in den jeweiligen Garnisonsorten des Vaters geboren wurden „Tornisterkinder" nannte, gab es bei der Eisenbahn keine ähnliche Bezeichnung.

Kaplans Vater und Großvater stammten aus Wiener Neustadt, Mutter Johanna, geb. Wust, aus Pettau in der Untersteiermark, dem heutigen Ptuj in Slowenien. Der Großvater Kaplans mütterlicherseits, Franz Wust, geb. in Josefstadt in Böhmen (heute ein Stadtteil von Jaromer an der Elbe, nordöstlich von Prag) war zuletzt, bis zur Revolution 1848/49, Oberpostverwalter in Temesvar im Banat in Südungarn (Siedlungsgebiet der Donauschwaben), heute als Timisoara in Rumänien gelegen.

Man sieht, dass Orte des ehemaligen alten Österreich weit herumgekommen sind, obwohl sie immer am selben Platz geblieben waren.

Viktor Kaplan besuchte in Neuberg an der Mürz und in Hetzendorf (damals noch nicht zu Wien gehörig) die Volksschule und anschließend die k.k. Staatsrealschule, Wien IV, Waltergasse 7, die damals nur sieben Jahre Schulzeit umfasste. Schon als kleiner Knabe bastelte Kaplan Wasserräder, später an der Realschule einen Elektrisierapparat, einen Photoapparat und eine Dampfmaschine, die alle funktionierten und seinen Physiklehrer Franz Daurer in großes Staunen versetzten. Nach der Matura studierte er von 1895 -1900 Maschinenbau an der Technischen Hochschule in Wien. (Einen Titel gab es damals für die Absolventen noch nicht! Erst ab 1917 „Ing."). Anschließend leistete er seinen Militärdienst als „Einjährig-Freiwilliger" und so genannter „Maschinenbau -Eleve" bei der k.u.k Kriegsmarine in Pola auf der Halbinsel Istrien, damals Teil des Kronlandes „Küstenland", heute „Pula" und zu Kroatien gehörig. Vom Militärdienst hinterließ Kaplan keine schriftlichen Erinnerungen außer einigen Ansichtskarten. Überliefert ist hingegen, dass Kaplan später seinen Studenten in Brünn den beim Militär herrschenden Geist folgendermaßen vermitteln wollte:

> „Wenn Sie beim Militär einmal gefragt werden, wer größer gewesen sei,
> Napoleon oder Bonaparte, dann heißt die richtige Antwort: „jawohl !!!".

Im Oktober 1901 trat er bei der Niederlassung der Budapester Maschinenfabrik GANZ in Leobersdorf (30 km südlich von Wien) als Konstrukteur ein. Dieser

Betrieb baute damals Dieselmotoren und Francisturbinen. Kaplan hatte bald eine Idee für einen verbesserten Motor. Weil er diesen in einem Vortrag ohne Absprache mit seiner Firma bekannt machte, bekam er die Kündigung, die jedoch nach kurzer Zeit zurückgenommen wurde.

Die über diesen Motor eingereichte Dissertation an der TH Wien wurde mit dem Hinweis zurückgestellt, die Arbeit durch Vornahme von Versuchen zu ergänzen. Dazu kam es jedoch nicht mehr, weil Kaplan an der Deutschen Technischen Hochschule (DTH) in Brünn, (die amtliche Bezeichnung war „k.k. deutsche Franz Josef Technische Hochschule Brünn", (seit dem letzten Jahrzehnt des 19. Jahrhunderts gab es auch eine „Tschechische Technische Hochschule"), die Stelle eines Konstrukteurs am Institut für Maschinenbau bei Professor Alfred Musil (*1846 in Temesvar, † 1924 in Brünn) bekam. Dieser war der Vater des berühmten Robert Musil (*1880 in Klagenfurt, † 1942 in Genf), der vor seiner späteren Karriere als Schriftsteller das Maschinenbaustudium an der DTH absolviert hatte und von 1902 -1903 Assistent an der TH in Stuttgart war. Kaplan trat Ende 1903 – gerade 27 Jahre alt geworden – seinen Dienst in Brünn an.

Mit der Hauptstadt der damaligen Markgrafschaft Mähren mit rund 130.000 Einwohnern, davon 2/3 Deutsche, eingebettet in ein landschaftlich schönes Umfeld, lernte Kaplan einen dynamischen Ort kennen, der an dem gewaltigen Aufschwung der Industrie in den letzten Jahrzehnten des neunzehnten Jahrhunderts in hervorragender Weise Anteil genommen hatte. Aus der engen Provinzstadt hatte sich ein Zentrum wirtschaftlichen und geistigen Lebens entwickelt, während die frühere Hauptstadt des Landes, Olmütz, zur kleinen bürgerlichen, teils bäuerlichen Land - und Garnisonsstadt geworden war. In Brünn entstanden Zug um Zug viele Fabriken, wobei die Schafwollindustrie an der Spitze stand. Dann folgte eine Reihe von Maschinenfabriken. Unter diesen genoss die 1861 als Eisengießerei gegründete Stahlhütte Ignaz Storek einen ausgezeichneten Ruf, weit über die Grenzen des Landes hinaus. Ihr sollte später bei der Entwicklung der Kaplanturbine eine entscheidende Rolle zufallen. Brünn bot jedoch auch in künstlerischer Hinsicht viel Interessantes, Sehens- und Hörenswertes. Das 1882 eröffnete, prächtige Stadttheater[4] war die „Startrampe" für fast alle späteren Größen des internationalen Opernhimmels wie z.B. Maria

---

[4] Das erste europäische Theater mit elektrischer Beleuchtung, diese von Thomas Alva Edison (1847-1931) geplant.

Jeritza (1887-1982), die eigentlich Maria Jedlitzka hieß und der zu Ehren in Unterach am Attersee, wo Kaplan 1920 seinen Landsitz erwarb, eine Straße benannt wurde. Der junge Techniker Kaplan, fühlte sich in der neuen Umgebung bald überaus wohl. Er wohnte von 1903 bis 1904 in der Herrengasse Nr. 14 (tschechisch „Panská"), dann von 1905 bis 1909 in der Talgasse 51 (tschechisch „Udolni"). Nach der Verehelichung 1909 hatte er bis 1919 in der Erzherzog Rainerstraße[5] seinen Wohnsitz; zuerst im Haus Nr. 62 und dann in derselben Straße (ab 1919 „Uvoz") im Haus Nr. 52.

In Brünn befasste sich Kaplan gleich mit seinem Lieblingsgebiet, dem Wasserturbinenbau. Zahlreiche wissenschaftliche Veröffentlichungen und Vorträge machten ihn in der Fachwelt bekannt. Bereits durch die elektrotechnische Ausstellung in Frankfurt am Main im Jahre 1891 hatte der Wasserturbinenbau einen neuen Impuls erhalten. Hier wurde bekanntlich zum ersten Male durch die Initiative von Oskar von Miller, dem Pionier der Deutschen Wasserkraftwirtschaft, der durch ein Wasserturbinenaggregat erzeugte Strom (das Antriebsaggregat war eine Henschel -Jonval -Turbine mit ca. 300 KW) von Lauffen am Neckar über eine 175 km lange Freileitung mit einer Spannung von rund 15.000 Volt nach Frankfurt am Main übertragen.

Kaplan versuchte zuerst die Francisturbine schneller zu machen; er erzielte dabei beträchtliche Steigerungen der spezifischen Drehzahlen von etwa n_s = 250 auf 350- 400[6], die aber für den direkten Antrieb der Drehstromgeneratoren noch immer nicht ausreichten. Nach einer Überarbeitung der Turbinentheorie erschien 1908 sein erstes großes Werk: „Bau rationeller Francisturbinenlaufräder", mit welchem er 1909 an der Technischen Hochschule in Wien zum Doktor der technischen Wissenschaften promovierte.

Anschließend folgte an der TH Brünn seine Habilitation für Wasserkraftmaschinen. Im gleichen Jahr heiratete er Margarete Strasser, die Tochter eines vermögenden Wiener Kaufmannes. Zwei Töchter, Margarethe und Gertraud, entstammten dieser

---

[5] Erzherzog Rainer Ferdinand, *1827 Mailand, † 1913 Wien, Förderer von Kunst und Wissenschaften, Gründer des Mährischen Kunstvereins, Regimentsinhaber des Salzburger Hausregiments „Erzherzog Rainer Nr. 59"; er war der Sohn von Erzherzog Rainer d. Ä. 1783-1853, Bruder von KS Franz I, 1818-1848 Vizekönig des Lombardo-Venezianischen Königreiches.
[6] Kennzahl auf Grund von Ähnlichkeitsgesetzen, um Turbinen miteinander vergleichen zu können.

glücklichen Ehe. Von den 13 Enkelkindern Kaplans leben noch 10, davon eines in Bolivien, drei in Deutschland und sechs in Österreich.

In der Folge konnte Kaplan mit der Unterstützung Professor Musils und der Firma Storek die Einrichtung eines Turbinenlaboratoriums erreichen. Die Verbindung Viktor Kaplans mit der Firma Storek kam dabei durch einen glücklichen Zufall über eine junge Frau zustande. Es war im Jahre 1907, als Kaplan von seinem Studenten Edwin Storek – dem ältesten Sohn Heinrich Storeks – erfuhr, dass die von ihm bewunderte Heroine des Stadttheaters Brünn, Ernie Hrubesch, eine entfernte Verwandte der Familie Storek sei, die des öfteren dort zu Besuch wäre. Edwin Storek vermittelte Kaplan eine Einladung, um die junge Künstlerin treffen zu können.

Doch es sprang kein Funke über zwischen der Künstlerin und dem nüchternen Techniker, der mit der leidenschaftlichen Erörterung seiner Idee einer schnell laufenden Turbine verständlicherweise nur beim Firmenchef Heinrich Storek auf reges Interesse stieß.

Am Ende dieser Zusammenkunft reifte der Plan, das vorhin schon erwähnte Versuchslaboratorium einzurichten. Die Firma Storek lieferte die wichtigsten Teile und übernahm den Großteil der Kosten. Die DTH stellte einen Kellerraum im eben fertig gestellten Neugebäude, der so genannten „Neuen Technik" zur Verfügung. Ab 1910 konnte Kaplan im neuen Labor mit seinen Versuchen beginnen.

Kaplan experimentierte unermüdlich mit kleinen Modell-Laufrädern, entwickelte die Turbinentheorien weiter und gelangte durch schätzungsweise mehr als 3.000 Versuchen ans Ziel seiner rastlosen Bemühungen, zu den wesentlich schneller als Francisturbinen laufenden Propellerturbinen mit festen Schaufeln und den Propellerturbinen mit verstellbaren Schaufeln, den eigentlichen Kaplanturbinen. Allerdings hatte der Professor an der preußischen Gewerbeakademie in Berlin, Carl Ludwig Fink bereits in seinem Buch von 1878 erwähnt, dass drehbare Laufschaufeln den Wirkungsgrad von Turbinen verbessern könnten. Damals bestand aber noch kein Bedarf an einer derart komplizierten Konstruktion. Es gab aber auch schon Patente eines finnischen und zweier österreichischer Erfinder über Turbinen mit drehbaren Laufschaufeln, die aber keinen durchschlagenden Erfolg zeitigten. Propellerturbinen mit festen Schaufeln wurden allerdings in den USA und in England schon in der zweiten Hälfte des 19. Jahrhunderts patentiert, dann jahrzehntelang von den Francisturbinen verdrängt und erst von Kaplan in

Brünn und dann von Forest Nagler (Firma Allis Chalmers M.Co in Milwaukee, Wisconsin, USA) wieder aufgegriffen und vervollkommnet.[7] Kaplan jedoch gelang es, die in den Versuchen erkannte Realisierbarkeit der Idee drehbarer Schaufeln, in eine gelungene Konstruktion und auch mit Hilfe Heinrich Storeks in die Praxis umsetzen. Nach Anmeldung des grundlegenden Patentes im Jahre 1913 (Österreichisches Patent Nr. 74244) brach die schwere Zeit der Patentkämpfe an. 1912 war Kaplan zum außerordentlichen Professor ernannt worden, 1914 erhielt er eine Einberufung zum Kriegsdienst, die aber wieder zurückgezogen wurde. 1917 wurde er auch vom Landsturmdienst befreit. 1918 folgte die Ernennung zum ordentlichen Professor für Wasserkraftmaschinen an der Deutschen Technischen Hochschule in Brünn.[8]

Ein kurzer Überblick über die Patentstreitigkeiten

Die ersten Einsprüche ab 1913 kamen von einigen deutschen und schweizerischen Turbinenbaufirmen, die den Erfolg ihrer in die Weiterentwicklung von Francisturbinen getätigten Investitionen gefährdet sahen. Sie schlossen sich zur so genannten Turbinenvereinigung zusammen (von Kaplan „Anti-Kaplan-Syndikat" genannt), um im gemeinsamen Vorgehen die Standfestigkeit der Patente Kaplans auf die Probe zu stellen. In diesen Auseinandersetzungen hatte Kaplan in seinem Assistenten Ing. Jaroslav Slavik und seinem Freund Dr. Alfred Lechner sehr tatkräftige Helfer.

1919, nach dem Erfolg mit der ersten Kaplanturbine der Welt, die von Storek gebaut wurde, schwenkten die Turbinenfabriken unter Führung von Voith-Heidenheim um, gründeten den Kaplankonzern, nahmen Lizenzen auf Kaplans Patente und bauten mit großem Erfolg Kaplanturbinen. Dazu musste Walter Voith vorher einen „Canossagang", wie er es selber nannte, zu Kaplan, dem „neuen Turbinenpapst" nach Brünn antreten. Doch es gab auch streitbare Einzelgänger, die versuchten, die Erfindung einer völlig neuen Turbine in technischer und patentrechtlicher Hinsicht in Frage zu stellen. Nachstehend ihre Kurzbiographien:

---

[7] Vergl.: Englisches Patent Nr. 13.240-1893 von Thomas Williams über Schrauben-Propeller für Wasserturbinen. Der US-amerikanische Erfinder N. Truax erhielt bereits 1862 ein Patent auf eine Turbine mit Propellerrad.
[8] Privatarchiv Unterach: Nachlass von Viktor Kaplan.

Johann Baudisch (1881-1948)

1881 in Salzburg geboren, studierte Maschinenbau an der Technischen Hochschule in Wien, promovierte mit Auszeichnung mit einer Arbeit über Turbinenregler. Er arbeitete bei der Niederlassung der ungarischen Fa. Ganz in Leobersdorf und war anschließend Lehrer an einer Staatsgewerbeschule in Wien. Baudisch meldete 1914 eine so genannte Saugstrahlturbine zum Patent an. Er behauptete, sein Patent würde die Erfindung Kaplans wissenschaftlich vollkommen decken, was Kaplans Patente nicht täten.

Oskar Poebing (1882-1956)

1882 in Starnberg geboren, studierte Maschinenbau an der Technischen Hochschule in München, war dann Assistent von Prof. Dr.phil. Dr.Ing. Rudolf Camerer (von dem u.a. die Kennzahl der „spezifischen Drehzahl" stammt) und Betriebsleiter des hydraulischen Laboratoriums. In einer Fachzeitschrift behauptete er, dass das hydraulische Institut der TH München die eigentliche Erfinderin der Kaplanturbine wäre.

Robert Honold (1872-1953)

1872 geboren in Langenau in Württemberg, studierte Maschinenbau in Stuttgart und Darmstadt. Nach längerer Praxis in der Industrie und als Zivilingenieur war er von 1916 -1927 Professor und zeitweise Dekan der Fakultät für Maschinenbau an der Technischen Hochschule in Graz.

Hatten die Auseinandersetzungen mit Baudisch und Poebing für Kaplan noch einen gewissen Unterhaltungswert, so waren die Kontroversen mit Honold weit schärfer. Honold stützte sich auf die schon erwähnte Veröffentlichung Prof. Finks über die Vorteile drehbarer Laufschaufeln und behauptete, Kaplan sei das Patent zu Unrecht erteilt worden, denn der eigentliche Erfinder wäre Fink. Honold erhob Nichtigkeitsklage bei den Patentgerichten in Berlin und Wien. Alle Klagen Honolds und auch seine Berufungen wurden abgewiesen. Doch Honold gab nicht auf, er verstieg sich zu ehrenrührigen Äußerungen, für die er am Bezirksgericht in Graz verurteilt wurde. Honold setzte seine Angriffe über den Tod Kaplans hinaus bis 1951 fort. Robert Honold war der Bruder von Gottlob Honold, der ebenfalls ein

„Zündler" war, aber im positiven Sinne; er erfand für Robert Bosch die Hochspannungsmagnetzündung und ermöglichte erst damit den Bau schnell laufender Ottomotoren.

Zuletzt kam es noch zu einer sehr ernsten Auseinandersetzung mit Prof. Dr. Ing. Franz Lawaczeck aus Pöcking in Bayern zusammen mit der Maschinenbau-Firma Ferdinand Schichau in Elbing in Westpreußen:

Der Angriff mittels Nichtigkeitsklagen richtete sich gegen Kaplans Patent über ein Laufrad mit flügelartigen Schaufeln (DRP 300591). Die Klage stützte sich auf eine Reihe älterer Veröffentlichungen über Schiffspropeller, die eine Ähnlichkeit mit den Propellerlaufrädern von Kaplan hatten. Die Angelegenheit war von großer Tragweite, denn das bekämpfte Patent war eines der Grundlagen der Lizenzverträge.

In der Verhandlung am Reichsgericht Leipzig 1925 wurden auch diese Klagen abgewiesen, so dass damit für Kaplan die 12 Jahre dauernden Kämpfe und Aufregungen beendet waren. Er und sein Team waren die fachlichen Sieger, seine Gesundheit jedoch die Verliererin. Denn in die Zeit der Patentkämpfe fiel Kaplans schwere Erkrankung im Februar 1922. Die ärztlichen Diagnosen waren unsicher und reichten von Gehirnschlag und Kopfgrippe bis zum Nervenzusammenbruch. Nach dieser Erkrankung war Kaplan ein anderer geworden, der frühere Schwung fehlte ihm. In dieser Zeit waren seine Frau Margarete, sein Assistent Ing. Jaroslav Slavik, von Kaplan burschikos immer „Slawitschek" genannt und sein Freund Prof. Dr. Alfred Lechner die wichtigsten Stützen, die im Zuge der Patentauseinander-setzungen die notwendigen Arbeiten im Sinne des Erfinders erledigten. Kaplan hatte sich insgesamt gegen 10 Einsprüche, 10 Beschwerden, drei Nichtigkeitsklagen, bei einer Reichgerichtsverhandlung und bei der Ehrenbeleidigungsklage gegen Robert Honold durchzukämpfen.[9]

Die erste Kaplanturbine im Einsatz

1919 wurde bei der Fa. Hofbauer, einer Börtel- und Strickgarnfabrik in Velm in Niederösterreich (heute eine Ortschaft der Gemeinde Himberg, ca. 10 km südlich von Schwechat) die erste Kaplanturbine der Welt, 35 PS, von Storek gebaut, in Betrieb genommen. Die praktische Betriebsaufnahme verlief sehr günstig, die im

---

[9] Gschwandtner, Martin: Viktor Kaplans Patente und Patentstreitigkeiten. München, Ravensburg, Norderstedt 2007. Vergl.: Archiv des Technischen Museums Wien: Nachlass von Viktor Kaplan.

Laboratorium ermittelten Werte von Leistung und Wirkungsgrad wurden auch tatsächlich erreicht. Der Erfolg brachte der Firma Storek 1920 bereits 60 Kaplanturbinen auf die Auftragsliste. Die Turbine war in Velm bis 1955 in Betrieb.

Rückschläge und endgültiger Durchbruch

In der Folge traten bei anderen von Storek gefertigten Kaplanturbinen große Schwierigkeiten auf, die sich durch laute, explosionsartige Schläge beim Lauf bemerkbar machten, wobei wichtige Teile der Turbine beschädigt wurden. Diese Schwierigkeiten, es handelte sich um die so genannte Kavitation (Hohlraumbildung in Unterdruckzonen) ließen sich nicht verheimlichen und waren „Wasser auf die Turbinen" der Gegner Kaplans, die an die Messergebnisse nicht glaubten und ihm die Erfolge auch nicht gönnen wollten. Auch die Firmengruppe des Kaplan-Konzerns verzögerte zunächst die Auswertung der Erfindung. Kaplan war krank und verzweifelt und sah zunächst die Zukunftsaussichten seiner Turbine in den düstersten Farben. Niemand wusste, was die Ursache der Störungen sein könnte.

Doch einer ahnte die Herkunft des Übels; es war Gustav Oplusstil, Absolvent der DTH in Brünn, ehemaliger Fregattenleutnant auf Unterseeboten der k.u.k. Kriegsmarine, Hydrauliker bei der Fa. Storek, der vor dem Krieg in der Werft der Fa. Robert Whitehead[10] in Fiume (heute Rijeka) praktiziert hatte. Oplusstil erinnerte sich, dass bei den hoch beanspruchten Antriebspropellern der Kriegsschiffe, ähnliche Erscheinungen mit Anfressungen und faustgroßen Löchern aufgetreten waren. In sofort durchgeführten Versuchen ging man bei Storek den Vermutungen Oplusstils nach und konnte daraus tatsächlich Maßnahmen ableiten, die zur Beseitigung der Probleme bei den 10 von der Kavitation befallenen Turbinen führten. Storek hatte bis dahin bereits rund 40 Kaplanturbinen gebaut. In dieser Situation erwarb sich die Fa. Storek, die dabei große finanzielle Opfer bringen musste, herausragende Verdienste, die von Viktor Kaplan mit großem Lob gewürdigt wurden. Jaroslav Slavik schrieb in seinen Erinnerungen, dass die Firma Storek damals „die Kastanien aus dem Feuer holte". Er, sowie Walter Voith und Elov Englesson, Chefingenieur der schwedischen Firma KMW (Karlstads

---

[10] Aus der Familie Whitehead stammte Agathe Whitehead *1891 Fiume, † 1922 Klosterneuburg, die erste Frau des ehemaligen U-Boot-Kommandanten der k.u.k. Kriegsmarine, Georg Ritter von Trapp, des Vaters der singenden Trapp-Familie, *1880 Zara, heute Zadar, † 1943 Stowe, Vermont.

Mekaniska Werkstad) in Kristineham, leisteten damals wertvolle Hilfe. Die Verbreitung der Kaplanturbine war nun nicht mehr aufzuhalten.

Mit zwei 1000-PS-Kaplan-Turbinen der Fa. Voith, St. Pölten/ Heidenheim im Jahre 1922 für die Papierfabrik Steyrermühl in Oberösterreich und vor allem mit einer schwedischen Kaplanturbine mit rund 11.000 PS im Jahre 1925 für das Kraftwerk Lila Edet in Schweden, hatte die Erfindung Kaplans die Probe für ihre Verwendung auch in Großkraftwerken eindrucksvoll bestanden. Vor dem II. Weltkrieg folgten noch weitere große Turbinen für Deutschland, Russland und Irland. Seither hat die Kaplanturbine ihren Siegeszug um die Welt angetreten. Das erste rein österreichische Donaukraftwerk, Ybbs-Persenbeug, welches in den Jahren von 1954 -1959 errichtet wurde, hatte bereits Kaplanturbinen von je rund 47.000 PS, die damals die größten in Europa waren.[11] Heute beträgt der Anteil der Kaplanturbinen an der weltweiten Erzeugung von elektrischer Energie nach einer Schätzung durch Hermann Schweickert und Fachkollegen max. etwa 10%.[12]

Ehrungen und Ruhestand

1926 wurde Kaplan Ehrendoktor der Deutschen Technischen Hochschule in Prag. 1930 erhielt er die Ehrenbürgerschaft von Unterach. Ab 1931 zog er sich ganz auf sein Landgut Rochuspoint in Unterach am Attersee zurück. Dort beschäftigte er sich mit seinen vielen Hobbys und unternahm auch zahlreiche Ausflüge mit seinem Automobil. Er fuhr immer mit Chauffeur, weil er selber nie einen Führerschein erworben hatte. Kurz vor seinem Tode wurde er noch Ehrendoktor der Deutschen Technischen Hochschule Brünn. Am 23. August 1934 starb er an einem Schlaganfall auf seinem Landgut, wo er auch seine letzte Ruhestätte fand. Sein wissenschaftliches Erbe sind zahlreiche technische Abhandlungen und 38 Erfindungen, die zu 267 Patentanmeldungen in 25 Ländern der Erde führten.

---

[11] Privatarchiv von Henriette Pinggera, Enkelin von Heinrich Storek, Bischofshofen. Vergl.: Gschwandtner, Martin: Gold aus den Gewässern. Viktor Kaplans Weg zur schnellsten Wasserturbine. München, Ravensburg, Norderstedt, 2. Aufl. 2011.

[12] Dr. Ing. Hermann Schweickert, Heidenheim an der Brenz (D), ehemaliger Mitarbeiter der Fa. Voith in Heidenheim. Mitteilung an d. Verf. 2006.

Anekdoten[13]

Bekanntlich ranken sich um jede große Persönlichkeit besondere Erinnerungen und Anekdoten, so auch um Kaplan; eine kleine Auslese:

Der Bewerbungstest

Kaplan hat nicht nur die nach ihm benannte Turbine erfunden, sondern auch den vermutlich kürzesten Personal-Einstellungstest. Vielleicht enthält die folgende Geschichte auch eine kleine Anregung für Personalverantwortliche:

DI. Ernst Meier, *1896 in Wien, erzählte folgende Begebenheit: Kaplan suchte einen Assistenten. Ernst Meier, damals Student des Maschinenbaues interessierte sich dafür. Er meldete sich beim Professor. Kaplan: „Was wollns?" Meier: „Ich komme wegen des Assistentenpostens." Kaplan: „Haben Sie schon einmal etwas verpfuscht?" Darauf Meier: „Jawohl Herr Professor!" Antwort Kaplans: „Wann können Sie anfangen?"

Kaplan war nach den Aussagen seiner Zeitgenossen persönlich sehr bescheiden. Er war aber auch ein humorvoller Mensch und manchem Schabernack nicht abgeneigt. Er setzte seine technische Phantasie aber auch einmal ganz boshaft ein, um einen unangenehmen Besucher zu ärgern:

Der wackelige Suppenteller

Er legte einmal, bevor man zu Tisch ging, unter das Tischtuch hindurch bis unter den Suppenteller eines ihm unsympathischen Besuchers einen am Ende abgebundenen Schlauch, der mit einem Blasballon verbunden war. Während des Essens äußerte Kaplan, dass ihm Leute zuwider wären, denen beim Essen die Suppe über den Tellerrand schwappe. Im gleichen Augenblick drückte er den Ballon zusammen und das Malheur war geschehen. Seine ahnungslose Frau hatte Mühe diesen groben Fauxpas auszubügeln.

---

[13] Privatarchiv Unterach: Kaplan-Nachlass.

Hoher Besuch in Unterach

Ein andermal, 1931, als sein Freund Alfred Lechner zum ordentlichen Professor für Mechanik an der TH Wien ernannt worden war, lud er diesen nach Unterach ein. Dem Bürgermeister Josef Wipplinger erzählte Kaplan jedoch, dass er den Besuch des rumänischen Königs erwarte, welcher sich für seine Erfindungen interessiere. Der hochrangige Besucher reise jedoch inkognito, dennoch wäre es angebracht, ihm einen würdigen Empfang zu bereiten. Die Gemeinde bot alles auf, was zu einem ordentlichen Fest gehört: Pfarrer, Bürgermeister und Gemeindevertretung, Musik, Schützen, Trachtengruppen, Beflaggung, Schulkinder mit ihren Lehrern, Begrüßungsansprachen mit Überreichung von Blumen. Es war ein schöner Sommertag, als der falsche König mit dem Raddampfer am Landungssteg in Unterach ankam und feierlich empfangen wurde. Der überraschte Professor, ein sympathischer, bescheiden auftretender Mann wusste nicht, wie ihm geschah. Erst später lüftete Kaplan sein Geheimnis und spendete zur Versöhnung der gefoppten Unteracher mehr, als nur ein Fass Bier.

Das blaue Bild vom Opa

Auf der Vorderseite der 1000- Schilling-Banknoten der beiden Auflagen von 1961 war Viktor Kaplan mit dem Laufrad einer Kaplan-Turbine abgebildet. Auf der Rückseite befand sich eine Darstellung des Donaukraftwerkes Ybbs- Persenbeug. Dieser Geldschein wurde im Volksmund wegen seiner Farbe „der Blaue" genannt. Es wird erzählt, dass die Witwe Kaplans eines Tages von einem Enkelkind, das in Wien studierte, einen Brief erhielt, in dem wieder einmal von Geldnöten die Rede war. So schrieb das Enkelkind: „Liebe Oma, schicke mir doch bitte ein blaues Bild vom Opa".

Die Affengeschichte

Viktor Kaplan war nicht nur ein Menschenfreund sondern auch ein großer Tierliebhaber: Pferd, Kühe, Schafe, Gänse, Hühner, Hund und Katzen, eine zahme Krähe „Jakob" und zum großen Vergnügen auch zwei Kapuzineraffen „Schnucki" und „Mucki" bevölkerten den weitläufigen Landsitz.
Kaplan soll einmal spaßeshalber gesagt haben, dass er durch diese Affen berühmter geworden wäre, als durch seine Turbinen.

Dahinter verbirgt sich folgende Begebenheit:

Einer der beiden Affen räumte einmal die Brieftasche Kaplans aus, deren Inhalt er dann in seinem Käfig verwahrte. Nach einem aufgebauschten Bericht, der sogar am 29. 11. 1933 in der italienischen Zeitung „Gazatta del Popolo" in Turin erschienen war[14], sollen die beiden Affen einige Tausend- Schilling- Scheine genüsslich aufgefressen haben. Weil das aber alles weit übertrieben war, schickte Kaplan eine Berichtigung an das italienische Blatt:

> „Ich beobachtete Schnucki, als er eben im Begriffe war, meine verschiedenen wissenschaftlichen Notizen zu `studieren`. Er war aber so anständig, sich geistiges Eigentum nicht anzueignen, wie dies von ehrgeizigen `Erfindern` mit Vorliebe getan wird. Ja, er war sogar so ehrlich, keine der Banknoten verschwinden zu lassen, oder sie gar zu verspeisen. Offenbar wollte er die politischen Ereignisse abwarten, um die Noten zu einem günstigen Kurs auf den Markt zu werfen (...). Indem ich Sie bitte, diese Richtigstellung in Ihrem geschätzten Blatte aufnehmen zu wollen, zeichne ich
>
> Hochachtungsvoll, Dr. Viktor Kaplan

Viktor Kaplan als Wohltäter seiner Mitmenschen

Kaplan verwendete das durch seine Erfindung erworbene beträchtliche Vermögen nicht nur für seine eigenen Zwecke, sondern zeigte sich auch großzügig gegenüber seinen Mitmenschen. Er half in dringenden Geldnöten durch Darlehen oder Spenden, bezahlte einem kranken Freund, den Kuraufenthalt und spendete dazu auch die Reisekosten. Er widmete zu besonderen Anlässen größere Beträge für die „Gemeindearmen", spendete an die Ortsvereine und gewährte auch der Gemeinde Unterach am Attersee einen größeren Kredit von 50.000.- Schilling (heute etwa135.000 Euro). Er, der in der schweren Zeit seiner langen Krankheit, selber ärztliche Hilfe brauchte und auf die seelische Unterstützung seiner Familie und Freunde angewiesen war, wurde seinerseits zu einem großen Nothelfer seiner Mitmenschen.

---

[14] Kopie des Zeitungsausschnittes im Besitz d. Verf.

Viktor und Margarete Kaplan als großzügige Gastgeber

Großzügige Gastfreundschaft war eines der Merkmale des Ehepaares Margarete und Viktor Kaplan. Kaplan hatte das 1920 erworbene Landgut Rochuspoint in Unterach am Attersee durch weitere Zukäufe flächenmäßig auf ca. 12 Hektar vergrößert, weiter ausgebaut und ausgestattet. Mit Bienenhaus, mit zahlreichen Tieren und Pflanzen, einem kleinem Wasserkraftwerk mit Peltonturbine, mit Werkstätten, Almhütte, Schwimmteich und sogar mit einem Heimkino. Vor allem mit einer treuen Schar von Dienstleuten war es ein Erholungsort für die Familie Kaplan, sowie auch für zahlreiche Gäste. Mehrere hundert Eintragungen scheinen in den vier Gästebüchern auf. Darunter namhafte Persönlichkeiten wie z. B: Walter und Hermann Voith, Prof. Dr. Alfred Lechner, Heinz und Herbert Storek, Ernest und Augusta Potoczek -Lindenthal, Prof. Franz Karollus, Hilde Ziegler, Dr. Ing. Hawranek und viele andere. Auch der Hochadel war vertreten mit Josef Ferdinand von Habsburg Lothringen; ebenso namhafte Schriftsteller und Künstler, wie beispielsweise Bruno Brehm, Franz Karl Ginzkey, Robert Hohlbaum und auch der berühmte Schauspieler Werner Kraus.

„Erinnerungsorte"[15]

Die Erinnerung an Viktor Kaplan hat vielfältigen Ausdruck gefunden: Veröffentlichungen, Gedenkveranstaltungen, Denkmäler, Gedenktafeln, Schulen, Geldscheine und Briefmarken, Ehrungen und Auszeichnungen, Urkunden und Dauerausstellungen in Museen. Auch viele persönliche Utensilien und ein umfangreicher Bestand an Briefen des „Vielschreibers" Kaplan sind noch erhalten. In 70 Gemeinden Österreichs, wie auch in Brünn (Brno) sind Straßen, Wege oder Plätze nach Kaplan benannt. Auch in Salzburg erinnert die Viktor Kaplan-Straße in der Nähe des Bahnhofs an den Erfinder. Die sieben „Kaplanwohnorte" nach der Abfolge seines Lebens gereiht sind: Mürzzuschlag, Breitenstein am Semmering, Neuberg an der Mürz, Hetzendorf (damals noch nicht zu Wien gehörig), Wien, Brünn und Unterach am Attersee. Das größte Kaplandenkmal in Österreich stellt jedoch die Kette der Donaukraftwerke dar. Kaplan hatte sich bereits 1917 in einem

---

[15] Der Begriff „Erinnerungsorte" (frz. Lieu de mémoire) stammt vom französischen Historiker Pierre Nora (* 1931). Gemeint sind damit nicht nur geographische Orte, sondern auch Ereignisse, Kunstwerke, Bücher etc., die eine symbolische Bedeutung besitzen und damit beispielsweise für eine Gruppe von Menschen oder für eine Region eine identitätsstiftende Funktion haben können.

Vortrag über die Zweckmäßigkeit einer Wasserkraftnutzung der Donau ausgesprochen. Es dauerte noch Jahrzehnte, bis man seinen Visionen folgte.

Der Verlauf des Zweiten Weltkrieges bewirkte, dass die Donaukraftwerke nicht nach dem unwirtschaftlichen Kraftwerkskonzept von Arno Fischer/Schwede-Coburg sondern unter Verwendung von Kaplanturbinen gebaut wurden.

Im Jahre 2008 wurde in Unterach am Attersee der Kaplan-Themenweg eröffnet, der in einem Pavillon im Freizeitgelände von Unterach sowie auf 11 Schautafeln entlang des Weges das Leben und Lebenswerk Viktor Kaplans behandelt, sowie sehr interessante allgemeine Informationen über die elektrische Energieversorgung, den Wasserkreislauf und die regionale Geologie bietet.

Kaplan-Themenweg in Unterach am Attersee.
Die gesamte Wegstrecke beträgt rund 7 km; davon etwa 4 km schöner, bequemer
Höhenweg (Waldweg) bis zum Gasthaus See am Mondsee und dann rund 3 km
Rückweg an der Seeache entlang bis Unterach. Quelle. Tourismusverband Attersee.

Viktor Kaplan

**Vom Kind zum Manne; vom Volksschüler zum berühmten Erfinder.
(zusammengestellt von M. Gschwandtner).**

Klasse 88 a. **Ausgegeben am 26. März 1918.**

KAIS. KÖNIGL. PATENTAMT.

Österreichische

PATENTSCHRIFT N^{r} 74244.

DR. TECHN. VICTOR KAPLAN IN BRÜNN.
Laufschaufelregelung für schnellaufende Kreiselmaschinen mit Leitvorrichtung (Wasser-, Dampf- oder Gasturbinen, Kreiselpumpen oder -gebläse).
Angemeldet am 7. August 1913. — Beginn der Patentdauer: 15. Februar 1917.

Es ist bekannt, daß der Wirkungsgrad der Kreiselmaschinen bei einem bestimmten Gefälle H von der durchfließenden Wassermenge Q und der vorhandenen Drehzahl n abhängig ist. Für einen bestimmten Wert von Q und n erreicht der Wirkungsgrad seinen Höchstwert und hat jede Veränderung dieses günstigsten Wertes von Q und n eine Abnahme des Wirkungsgrades zur
5 Folge. Theoretisch ist zwar ein solcher idealer Mechanismus denkbar, der es ermöglicht, auch bei beliebigen Werten von Q und n einen gleich guten Wirkungsgrad zu erzielen, doch scheitert die vollständige praktische Verwirklichung einesteils an der Unmöglichkeit der Herstellung einer mit Q und n gesetzmäßig deformierbaren Leit- und Laufschaufelfläche, andererseits an der Verschiedenheit der im allgemeinen mit Q und n veränderlichen Flüssigkeitsreibungsverluste.
10 Aus diesem Grunde können nur Näherungswege beschritten werden, von denen zunächst die bisher bekannten kurz geschildert werden sollen.

Am einfachsten wird die Regelung der Menge des durch die Turbine oder die Kreiselpumpe fließenden Arbeitsmittels entweder durch Drosselung mit Hilfe von Schiebern, Drosselklappen, Ventilen, Hähnen oder dgl. erzielt oder man verwendet drehbare Leitschaufeln (Finksche Dreh-
15 schaufeln), die die lichte Durchgangsweite zwischen zwei Nachbarleitschaufeln von einem bestimmten Höchstwert bis auf Null herabzubringen gestatten. Obwohl die letztere Regelungsart der ersteren überlegen ist, so hat doch die Regelung mit drehbaren Leitschaufeln besonders bei hochwertigen Schnelläufern den Nachteil, daß der Wirkungsgrad mit abnehmender Beaufschlagung rasch sinkt. Der rasche Abfall des Wirkungsgrades ist durch den Umstand begründet, daß durch
20 eine Verdrehung der Leitradschaufeln zwar eine Veränderung der Leitradquerschnitte und der Leitradwinkel stattfindet, die Laufradquerschnitte und die Laufradwinkel jedoch ungeändert bleiben. Wird daher der Wasserzufluß zum Laufrad verringert, so muß sich auch die Durchflußgeschwindigkeit des Wassers durch das Laufrad verkleinern, weil an den Zellenquerschnitten des Laufrades nichts geändert wurde. Durch diesen Umstand ist jedoch die geordnete (stoßfreie)
25 Strömung des Wassers durch das Laufrad gestört, weshalb im Laufrad und im Saugrohr Wirbel auftreten müssen, die den erwähnten Abfall des Wirkungsgrades verursachen.

Es lag daher die Anwendung solcher Vorrichtungen nahe, die eine teilweise oder vollständige Absperrung des freien Laufradzellenquerschnittes gestatten, um auch bei veränderlicher Beaufschlagung die Beibehaltung der gleichen Durchflußgeschwindigkeit durch das Laufrad zu
30 ermöglichen. Soll eine solche Vorrichtung wirklich den gewünschten Zweck erfüllen, so müßte z. B. bei halber Beaufschlagung auch die Hälfte des freien Durchgangsquerschnittes der Laufradzellen abgesperrt werden. Es müßte daher die Wandstärke der Laufradschaufeln bis zum halben freien Zellenquerschnitt reichen. Es ist selbstverständlich, daß bei derartig verdickten Schaufelkanten eine geordnete Strömung nicht möglich ist und die auftretenden Stoß- und Wirbelverluste
35 einen erheblichen Wirkungsgradabfall bedingen. Wird jedoch die Schaufelverdickung (Querschnittsversperrung) nur in die Mitte der Laufradzellen verlegt, so läßt sich der gewünschte Zweck einer bei allen Beaufschlagungen gleichen Durchflußgeschwindigkeit nur an der verengten Stelle der Laufradzelle erreichen, wogegen in den übrigen Zellenquerschnitten die eingangs erwähnten Wirbelbildungen im gleichen Maße auftreten, als ob von einer Querschnittversperrung im Laufrad
40 überhaupt abgesehen worden wäre.

Es sind auch Lauf räder mit festen Laufradschaufeln bekannt, an denen zungenförmige Klappen derart drehbar gelagert sind, daß durch deren Verdrehung eine Versperrung des Lauf-

Die erste Seite der Patentschrift des am 7. August 1913 angemeldeten Patentes 74244. (Patentamt Wien).

Das Patent wurde in 22 Ländern der Erde angemeldet. Die längste Laufzeit hatte es in den USA, wo diese erst am 7. September 1948 endete. Insgesamt brachte es Kaplan auf rund 270 Patentanmeldungen, die auf 38 Erfindungen beruhten.[16]

---

[16] Gschwandtner, Martin: Viktor Kaplans Patente und Patentstreitigkeiten. München, Ravensburg, Norderstedt 2007. S. 1, 30.

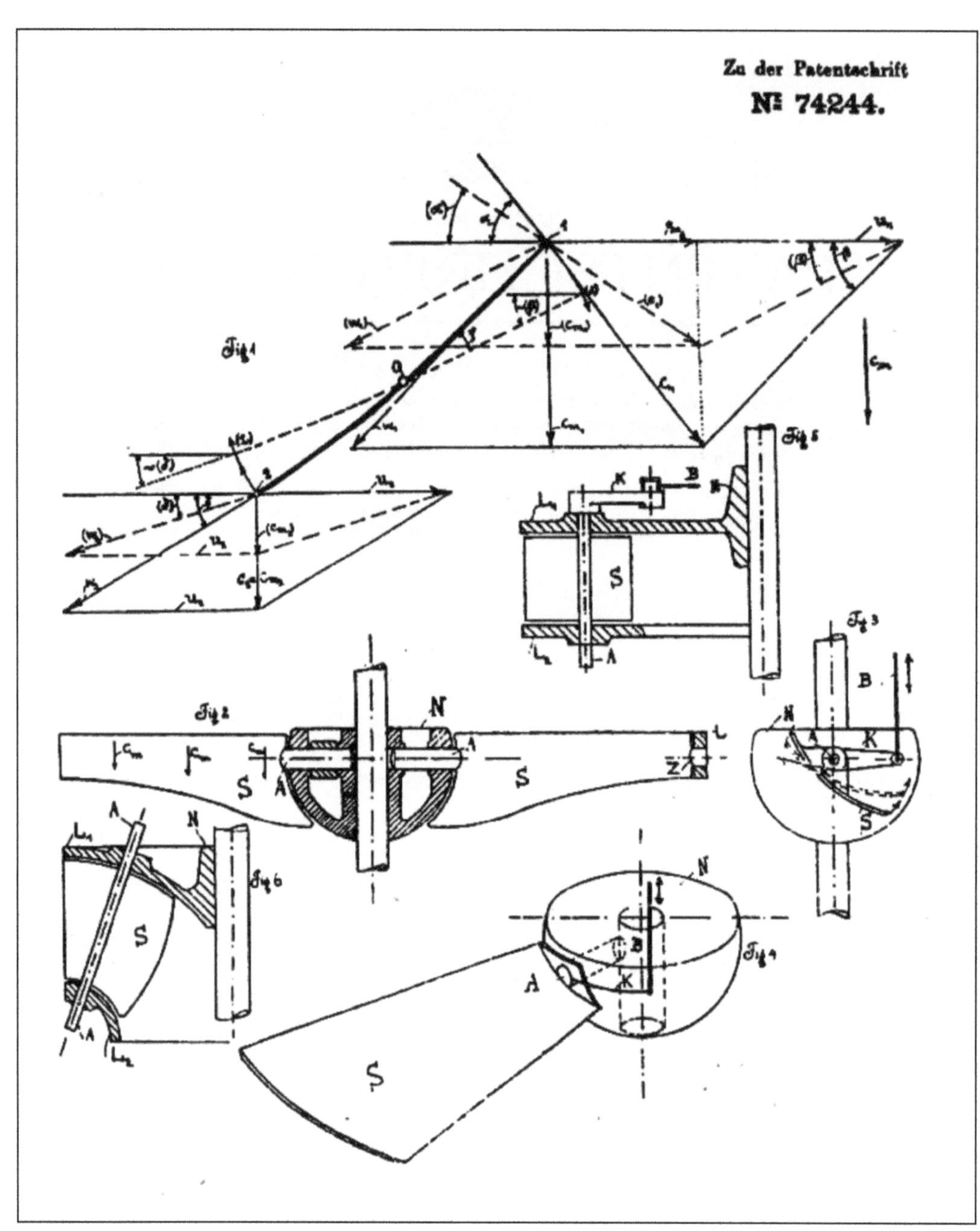

Skizzen zur Patentschrift Nr. 74244 (Patentamt Wien).

Erläuterung: In der obigen Abbildung beziehen sich Fig. 1bis Fig. 4 auf Kaplanturbinen; Fig. 5 und Fig. 6 betrifft die Idee, Francisturbinen mit drehbaren Laufschaufeln auszustatten, welche aber keine Bedeutung für die Praxis erlangt hat.

Eine der drehbaren Laufradschaufeln der Kaplanturbine ist oben mit der dicken Linie 1-2 dargestellt. Die Energie des Wassers wird optimal genützt, wenn am Laufradaustritt keine horizontale Geschwindigkeitskomponente mehr vorhanden ist, sondern das Wasser wirbelfrei, also senkrecht und damit parallel zur Laufradwelle austritt. Aus Fig. 1 ist ersichtlich, dass z.B. bei Verringerung der Wassermenge auf die Hälfte durch Verstellung der Leitschaufeln (Winkel α) gemeinsam mit den Laufschaufeln (Winkel φ) diese Bedingung erfüllt werden kann (strichlierte Linien).

Die erste Kaplanturbine der Welt.
Gebaut im Jahre 1919 für die Börtel - und Strickgarnfabrik Hofbauer in Velm
in Niederösterreich. Velm gehört heute als Ortschaft zur Gemeinde Himberg.
Quelle: Lechner, Alfred: Viktor Kaplan. Sonderausgabe aus: Blätter für
Geschichte der Technik, 3. Heft, Wien 1936, S.1- 59, hier S. 26.

Die Firma Storek in Brünn erhielt am 20.07. 1918 den Auftrag für diese Turbine. Diese war ausgelegt für ein Gefälle von 3 m, eine Wassermenge von $1,1 m^3$ /Sek., eine Drehzahl von 500 U/min und eine Leistung von 35,2 PS = 26 KW. Die spezifische Drehzahl ergibt sich aus obigen Werten mit n_s = 750 U/min. Der Laufraddurchmesser beträgt 600 mm. Die Turbine ging im März 1919 in Probebetrieb. Dabei erreichte sie bei einer Beaufschlagung von $1,0 m^3$ /Sek. bei einem Gefälle von 2,33 m und einer Drehzahl von 420 U/min eine Leistung von 25,8 PS bei einem Wirkungsgrad von 84 %, bei halber Beaufschlagung von $0,5 m^3$ sogar 85 %. [17]

Nach 36 jähriger Betriebszeit wurde die Turbine 1955 stillgelegt. Sie kann heute im Technischen Museum in Wien besichtigt werden.

---

[17] Kaplan, Viktor: Bremsergebnisse einer Kaplanturbine. In: Zeitschrift für das gesamte Turbinenwesen, 17 (1920) 19, S. 217-221. Vergl.: Lechner ,Alfred: Viktor Kaplan, S. 26-27.

Kaplan mit seinem Wagen – Steyr, 6 Zylinder, Type XVI, Double Phaeton, 4014 cm^3, 70 PS – am 28. August 1933 auf dem Pass Lueg. Als Kühlerfigur hatte der Wagen ein Turbinen -Laufrad. Kaplan fuhr immer mit Chauffeur. Eine Führerscheinprüfung wollte er nie ablegen.

Quelle: Privatarchiv Unterach

1000 Schilling-Banknote 2. Auflage 1961-1966, 147 x 77 mm.[18]

[18] Österreichische Nationalbank: Der Schilling 1924-2002. Wien 2002, S.27. Kaplan ist spiegelbildlich dargestellt (er trug den Scheitel in Wirklichkeit immer rechts). Auf der Rückseite befindet sich eine Abbildung des Kraftwerkes Ybbs-Persenbeug. Die erste Auflage 1961, die die gleiche Größe wie die 100- Schillingscheine hatten, wurde wegen Verwechslungsgefahr eingezogen. Der nächste „Tausender" war jener mit dem Bildnis von Berta von Suttner, 1966.

Schluss

Der kurze Streifzug durch das Leben Viktor Kaplans und die Betrachtung der Entwicklung der Kaplanturbine, beruhen auf der Veröffentlichung des Verfassers „Gold aus den Gewässern. Viktor Kaplans Weg zur schnellen Wasserturbine. München, Ravensburg, Norderstedt, 2. Auflage 2011"[19]. Man kann daraus nachempfinden, welche Leistung hinter einer großen Innovation steckt; insbesondere die Durchsetzung von Patenten kann zu einem aufreibenden Kampf werden, der auch die Gesundheit des Erfinders aufs äußerste strapaziert. Kaplan war in dieser Hinsicht aber kein Einzelfall. Von verblüffender Ähnlichkeit waren die Patentkämpfe von Rudolf Diesel (1858-1913). Auch dieser wurde mit Nichtigkeitsklagen verfolgt, die zusammen mit seiner unglücklichen Beteiligung an galizischen Ölfeldern seine Gesundheit zerrütteten, bis er seinem Leben 1913 durch einen Sprung von einem Schiff in den Ärmelkanal selbst ein Ende setzte. Auch von Thomas Alva Edison (1847-1931) sind heftige Patentauseinandersetzungen im Zusammenhang mit der Erfindung der Glühbirne bekannt. Kaplans Überzeugung und Forderung war, dass Natur und Technik immer im Einklang stehen sollen. Seit Kaplans Tod 1934 hat sich der Energieverbrauch der Erde allerdings auf das 10-Fache erhöht (von rund 11.000 Milliarden KWh auf rund 100.000 Milliarden KWh/Jahr).

Es ist angesichts des damit verbundenen Ausbaues der Kraftwerke (u.a. mit weltweit ca. 420 Atomkraftwerken) die Frage zu stellen, wie weit die Menschen den von Kaplan immer wieder geforderten Einklang von Natur und Technik überhaupt verwirklichen könnten. Selbst bei der Wasserkraft, die den „Adelstitel" einer „umweltschonenden Energiequelle" besitzt, sind dennoch beträchtliche Eingriffe in die Natur nicht zu vermeiden. Durch den Einsatz von Kaplan-Rohrturbinen und verschiedenen Umwelt-Begleitmaßnahmen konnten diese allerdings beim Ausbau der Flüsse wesentlich gemildert werden. So kann man das Vermächtnis Kaplans als Mahnung und Aufforderung sehen, den wirtschaftlichen Erfolg, das Gold aus den Gewässern, „AURUM EX AQUIS", wie die Überschrift

---

[19] Die Veröffentlichung „Gold aus den Gewässern" ist ihrerseits eine verkürzte Zusammenfassung der bisher einzigen Hochschulschrift zum Thema Viktor Kaplan, nämlich der zweibändigen Dissertation des Verfassers an der UNI Salzburg: Aurum ex Aquis. Viktor Kaplan und die Entwicklung zur schnellen Wasserturbine. Salzburg 2006.

über der leider beim Umbau entfernten allegorischen Darstellung[20] der Wasserkraft in der ehemaligen Eingangshalle des Salzburger Hauptbahnhofes lautete, auch zur bestmöglichen Schonung der Natur einzusetzen.

Auf Erfinder ging jedoch selten ein „Goldregen" nieder.

Bereits der Flugpionier Otto von Lilienthal (1848-1896) stellte bedauernd fest:

> „Die Geschichte der Erfindungen lehrt, dass die Väter großer
>
> entwicklungsfähiger Ideen selten die Früchte ihrer Arbeit ernteten".

Es stimmt, ein Hungerleiderleben war das Schicksal vieler Erfinder. Der große Ingenieur und Unternehmer Eugen Langen (1833-1895), unter anderem Gründer der Gasmotorenfabrik Deutz, schrieb einst:

> „Erfinde stets, doch werde kein Erfinder, in der Arbeit such dein Glück,
>
> sonst darben deine Kinder".

In dieser Hinsicht war Kaplan absolut untypisch: Durch seine Bahn brechenden Erfindungen brachte er es zu großem Wohlstand, Geld- und Liegenschaftsvermögen. Die Früchte seines Erfindergeistes und seines Fleißes konnte er noch nützen und genießen, bis ihn der allzu frühe Tod ereilte.

---

[20] Von Architekt Anton WILHELM (1900-1984), Frankenmarkt in Oberösterreich, 1950 geschaffen. Wilhelm war Absolvent der Meisterklasse der Akademie der bildenden Künste in Wien bei Professor Peter Behrens.

Quellen und Literatur

° Archiv des Österreichischen Patentamtes Wien

° Archiv des Technischen Museums Wien.

° Archiv im ehem. Kaplanhaus „Rochuspoint" in Unterrach. Die Eigentümer des Hauses und des Archivs sind verstorben; die Kaplan-Enkelin Gerhild Maurer im Jahre 2010 und ihr Mann Ing. Heimo Maurer im Jahre 2011. Das umfangreiche Archivmaterial ist nicht erfasst und geordnet. Die Liegenschaft und damit auch das Archiv erbte eine Tochter des Ehepaares Maurer, die als Bäuerin mit ihrer Familie in der Steiermark lebt.

° Bräunlich, Karl: Erinnerungen an die Firma Ignaz Storek, Brünn. Stahlhütte/Eisen-und Tempergießerei/Maschinenfabrik. Auszüge aus den Memoiren von Dipl.Ing. Herbert Storek, München 1984. Unveröffentlichtes Manuskript Ettingen (CH),o.J. Nach Auskunft von Prof. Henriette Pinggera, geb. Storek (Bischofshofen) verfasst in den Jahren 2002-2003.

° Gschwandtner, Martin: AURUM EX AQUIS. Viktor Kaplan und die Entwicklung zur schnellen Wasserturbine. Phil. Diss. Salzburg 2006. (Zwei Bände 650 S.).

° Gschwandtner, Martin: Gold aus den Gewässern. Viktor Kaplans Weg zur schnellsten Wasserturbine. München, Ravensburg 2007. (384 S.).

° Gschwandtner, Martin: Viktor Kaplans Patente und Patentstreitigkeiten. In: Blätter für Technikgeschichte, Band 68/2006, S. 137-179, hrsg. von Gabriele Zuna-Kratky im Auftrag des Technischen Museums Wien und des Österreichischen Forschungsinstituts für Technikgeschichte (ÖFIT), Wien 2006.

° Gschwandtner, Martin: Rochuspoint. Der Landsitz des berühmten Erfinders Viktor Kaplan in Unterach. Geschichte und Gäste des „kleinen Paradieses hoch über dem Attersee". München, Ravensburg, 2007. (58 S.).

° Kaplan, Viktor: Wie die Kaplanturbine entstand. Sonderdruck aus dem Wasserkraftjahrbuch 1925/26, hrsg. von Dantscher, K/ Reindl, Carl, München 1926, S.1- 22.

° Kaplan, Viktor: Die Donau als Energiequelle. In: Sonderdruck aus der Zeitschrift des Österreichischen Ingenieur und Architekten-Vereines (1926),3/4, S. 1-6.

° Kaplan, Viktor/Lechner, Alfred: Theorie und Bau von Turbinenschnellläufern. München, Berlin 1931.

° Lechner, Alfred: Viktor Kaplan in: österreichisches Forschungsinstitut für Geschichte der Technik in Wien (Hrg.); Sonderausgabe aus: Blätter für Geschichte der Technik, Heft 3, Wien 1936.

° Reichel, Ernst: Aus der Geschichte der Wasserkraftmaschinen. In: Beiträge zur Geschichte der Technik und Industrie. Jahrbuch des Vereins Deutscher Ingenieure, Vol.18 (1928).

Bisherige Veröffentlichungen

Von Martin Gschwandtner sind bisher (Stand: Oktober 2012) im GRIN- Verlag erschienen:

1. **Kriegsgefangene des 2. Weltkrieges.** München, Ravensburg 2001. ISBN 978-3-640-17156-9.
2. **Die Ära des „New Deal".** München, Ravensburg 2003. ISBN 978-3-638-77462-8.
3. **Viktor Kaplan und seine Turbine.** München, Ravensburg 2003. ISBN 978-3-638-16662-1.
4. **Die USA im Ersten Weltkrieg.** München, Ravensburg 2004. ISBN 978-3-640-11893-9
5. **Was ist eine Kaplanturbine?** München, Ravensburg 2004. ISBN 978-3-640-07277-4..
6. **Auguste Caroline Lammer** (1885-1937). Die bisher einzige Bankgründerin Österreichs. Ihre turbulente Geschichte in einer krisenhaften Zeit. München, Ravensburg 2007. Neudruck mit Farbbildern 2010. ISBN 978-3-638-73631-2.
7. **Viktor Kaplans Patente** und Patentstreitigkeiten. München, Ravensburg 2007. ISBN 978-3-638-68919-9
8. **Rochuspoint.** Der Landsitz des berühmten Erfinders Viktor Kaplan in Unterach. Geschichte und Gäste des „kleinen Paradieses hoch über dem Attersee". München, Ravensburg 2007. ISBN 978-3-638-73634-3.
9. **Festvortrag:** Viktor Kaplans Leben und Lebenswerk. Gehalten anlässlich der Bundesversammlung der BRUNA am 29. September 2007 im Großen Saal des ehemaligen Dominikanerklosters („Prediger" genannt) in Schwäbisch Gmünd. München, Ravensburg 2007. ISBN 978-3-638-91476-5.
10. **Vor 75 Jahren starb der große Erfinder Viktor Kaplan.** München, Ravensburg 2009. ISBN 978-3-640-47872-9.
11. **Friedrich Ritter von Lössl** (1817-1907)-unermüdlicher Technik-Pionier, Visionär,Tüftler und U(h)rgroßvater. München, Ravensburg 2009. ISBN 978-3-640-56700-3.
12. **Es war einmal ein „Kohlenklau".** Technik unter dem Joch der NS-Diktatur. Arno Fischer (1898-1982) und der Irrweg der Unterwasserkraftwerke in der Zeit von 1933 -1945.München, Ravensburg 2010. (A4, Ausgabe ohne Rechercheprotokoll). ISBN 978-3-640-56524-5.
13. **Slowenien.** Vom Herzogtum Krain über den SHS-Staat und Tito-Jugoslawien zur selbstständigen Republik. München, Ravensburg 2010. ISBN 978-3-640-63386-9.
14. **Gold aus den Gewässern**- Viktor Kaplans Weg zur schnellsten Wasserturbine. München, Ravensburg 2007 (teilw. Phil. Diss. Salzburg 2006). Neudruck 2011 im A4- Format und mit Farbbildern. ISBN 978-3-638-71574-4.
15. **Der Privilegien-Ritter.** Die Privilegien (Patente) des unermüdlichen Technikpioniers und Visionärs Friedrich Ritter von Lössl (1817-1907), München, Ravensburg 2011 (A4). ISBN 978-3-640-88056.

Im Eigenverlag sind erschienen:

1. **Die Macht des Geldes.** Die Krisen-Republik und die Geschichte von Auguste Caroline Lammer und ihrer kleinen Regionalbank 1920-1937. Diplomarbeit aus Geschichte, Salzburg 2003, 150 S. Bericht mit Interview darüber im ORF-Radio Salzburg und Oberösterreich am 27.05.2005 (Verf.: Dr. Maria Mayer, ORF Salzburg).
2. **AURUM EX AQUIS.** Viktor Kaplan und die Entwicklung zur schnellen Wasserturbine. Zwei Bände (zus. 650 S.). Phil. Diss. Salzburg 2006, Bericht mit Interview darüber im ORF, Radio Salzburg und Oberösterreich am 27.11. 2006. (Verf: Dr. Maria Mayer, ORF-Salzburg), Kulturpreis 2006 des Bundesverbandes der „BRUNA" in Deutschland.
3. **Friedrich Ritter von Lössl** (1817-1907). Unermüdlicher Technik-Pionier, Organisator, Tüftler und U(h)rgroßvater. Hof bei Salzburg 2008, 400 S. Bericht mit Interview darüber im ORF, Radio Salzburg und Oberösterreich am 28. Jänner 2009 (Verf.: Dr. Maria Mayer, ORF-Salzburg). Auch als Ausgabe ohne Rechercheprotokoll erschienen. 3. Auflage, Hof bei Salzburg 2011, 281 S. (Formate 156/230 und A4).
4. **Der „Privilegien-Ritter".** Die Privilegien (Patente) des unermüdlichen Technikpioniers und Tüftlers Friedrich Ritter von Lössl (1817-1907). Hof bei Salzburg 2008, 60 S.
5. **Ein Technikpionier und Visionär im 19. Jahrhundert.** Friedrich Ritter von Lössl (1817-1907), Hof bei Salzburg 2009, 52 S.
6. **Es war einmal ein "Kohlenklau".** Technik unter dem Joch der NS-Diktatur. Arno Fischer und der Irrweg der „Unterwasserkraftwerke" in der Zeit von 1933-1945. (Ausgabe mit Rechercheprotokoll). Hof bei Salzburg 2009. 163 S. Buchvorstellung mit Interview darüber im ORF- Radio Salzburg, 17.05.2010,(Verf.: Dr. Maria Mayer).
7. **Kurzvortrag** am 4. April 2008 anlässlich der Veranstaltung **„Gesichter im Schatten"** im Rahmen des Thalgauer Bedenkjahres 2008 im Kultursaal (K3) der Gemeinde Thalgau.
8. **Slowenien.** Vom Herzogtum Krain über den SHS-Staat und Tito- Jugoslawien zur selbständigen Republik. 3. Auflage, Hof, Oktober 2010. (A4).
9. **Der „Privilegien-Ritter".** Die Privilegien (Patente) des unermüdlichen Technikpioniers und Visionärs Friedrich Ritter von Lössl (1817-1907). Hof bei Salzburg März 2011 A4).

In Zeitschriften und Reihen veröffentlichte Aufsätze:

1. **Auguste Caroline Lammer.** Die tragische Geschichte der bisher einzigen Bankgründerin Österreichs. In: Mitteilungen der Gesellschaft für Salzburger Landeskunde, 145. Vereinsjahr, Salzburg 2005, S. 227-264. (Auch als Sonderdruck erschienen).
2. **Viktor Kaplans Patente** und Patentstreitigkeiten. In: Blätter für Technikgeschichte,

Band 68/2006, S. 137-179, hrsg. von Gabriele Zuna-Kratky im Auftrag des
Technischen Museums Wien und des Österreichischen Forschungsinstituts für
Technikgeschichte (ÖFIT), Wien 2006.

Beiträge mit Salzburg-Bezug im SalzburgWiki (Salzburg Wikipedia)

1. Kirchliche und weltliche Grundherrschaften (Allgemeines, sowie Hinweis auf das Bauerngut Höfner in Hof).
2. Kirchliche und weltliche Grundherrschaften in Hof (erst ab 1951 Hof bei Salzburg).
3. Josef Mohr in Hof (Hinweis auch auf das „Kinder-Stille-Nacht-Lied").
4. Ferdinand Georg Waldmüller in Hof (Gemälde: Der Fuschlsee mit dem Schafberg).
5. Josef Gerstmeyer in Hof (Bild von Hof um 1858).
6. Auguste Caroline Lammer (Bankgründerin in Zell am See).
7. Viktor Kaplan (Turbinenerfinder).
8. Hydraulischer Widder (Wasserpumpe).
9. Friedrich Ritter von Lössl (Eisenbahningenieur und Erfinder).
10. Das Einliegerwesen (Altersversorgung).
11. Die Pfarrkirche St. Sebastian in Hof bei Salzburg.
12. Arno Fischer und Salzburg (Unterwasserkraftwerke und Kraftwerk Rott-Freilassing).
13. Die erste Erwähnung des Ortsnamens „Elsenwang" (heute Ortschaft der Gemeinde Hof bei Salzburg).
14. Die Baderbach-Mühle in Hof bei Salzburg.
15. Die Spitzenklöppelei und das Spitzkrämerhaus in Hof.

Adresse des Autors: Martin Gschwandtner, Seestraße 36, 5322 Hof bei Salzburg,
Tel+Fax: 0043 (0)6229 -2420, E-Mail: energie@aon.at